迷你生态瓶

MINI SHENGTAIPING

[法]加布里埃尔·布里麻滕思 著　李晶 译

U0232552

长江出版传媒　湖北科学技术出版社

图书在版编目（CIP）数据

迷你生态瓶 /（法）加布里埃尔·布里麻滕思著；李晶译. —武汉：
湖北科学技术出版社，2021.1

ISBN 978-7-5352-8540-9

Ⅰ.①迷⋯ Ⅱ.①加⋯ ②⋯ Ⅲ.①观赏园艺 Ⅳ.①S68

中国版本图书馆CIP数据核字(2020)第193584号

迷你生态瓶 MINI SHENGTAIPING

出 品 人：章雪峰	责任编辑：张丽婷
封面设计：胡 博 陈 帆	督 印：刘春尧
责任校对：王 梅	

出版发行：湖北科学技术出版社

地　　址：武汉市雄楚大道268号省出版文化城

电　　话：027-87679468　　　　　　　　　邮　　编：430070

网　　址：http://www.hbstp.com.cn

印　　刷：武汉市金港彩印有限公司　　　　　邮　　编：430040

开　　本：787×1092 1/16　　　　　　　　　印　　张：8.75

版　　次：2021年1月第1版　　　　　　　　　印　　次：2021年1月第1次印刷

字　　数：150千字

定　　价：58.00元

（本书如有印装质量问题，本社负责调换）

前言

　　提起"微景观"这个词，很多人会想到盆景这种兼具唯美主义和现实主义的艺术品。然而，盆景的制作过程耗时长，对制作者的经验和手艺都有较高的要求，对于普通民众来说，它并不是微景观入门的一个好选择。事实上，享受制作微景观的乐趣并不意味着成为一个盆景大师。只要遵循这本书里的步骤，就可以轻松而又快速地制作出一个美丽的微景观入门级作品——生态瓶。

　　生态瓶因其操作简单而成了当下十分热门的室内装饰品。它通常以玻璃制品作为容器，追求充满自然气息的设计。生态瓶的制作对于容器的大小和形状没有要求，也没有植物种类的限制，你可以尽情发挥你的想象。只要遵循本书中所提到的几个基本原则，且有充足的预算，你就可以创造出想要的一切。

　　书中将通过丰富的示例介绍不同类型的生态瓶的风格和创作技巧，教你打造和维护你的专属迷你花园。相信书中精彩的生态瓶示例，一定会给你带来灵感，激发你的创意。

目　录

Chapter 1 定制你的迷你花园....5
- 容器的种类和生态瓶的微气候......6
  容器的风格............8
  容器的大小...........10
  容器的封闭度..........11
  容器的外形...........12
  生态瓶的微气候.........14

Chapter 2 自然风格的装饰....21
- 室内的盎然生机..........22
- 启发和灵感............25
  大自然.............26
  日本的侘寂文化.........30
  植物设计............32

Chapter 3 制作生态瓶需要的材料
...................35
- 容器...............36
- 工具...............39

Chapter 4 造景的基本原理....41
- 设计原理............42
  自然与美感兼顾的原则......44
- 培养基质............48
- 装饰物.............50
  石头和沙子...........50
  木头..............52
  苔藓..............54

Chapter 5 创作过程详解....59
- 野生植物迷你生态瓶........60
  培养基质............62
  示例一：极简主义........62
  示例二：峭壁之上........64
  示例三：简易型生态瓶......66
  示例四：河岸风光........68
  示例五：戈壁风情........72

植物的选择............76
养护方法.............77
- 热带景观生态瓶..........78
  培养基质............80
  示例一：热带沙漠生态瓶.....80
  示例二：苔玉式生态瓶......82
  示例三：食肉植物生态瓶.....86
  示例四：绿意满溢生态瓶.....88
  示例五：附生植物生态瓶.....90
  植物的选择...........92
  养护方法............92
- 半水生迷你生态瓶.........94
  培养基质............96
  示例一：小泥潭.........96
  示例二：水之滨.........98
  示例三：沼泽深处.......102
  示例四：佗草生态瓶......104
  示例五：暗黑水域.......108
  植物的选择..........110
  养护方法...........112
- 干燥型迷你生态瓶........115
  培养基质...........116
  示例一：纳米比沙漠......116
  示例二：火山灰沙漠......120
  示例三：仙人掌沙漠......122
  示例四：芦荟沙漠.......124
  示例五：石山之中.......128
  植物的选择..........130
  养护方法...........130

Chapter 6 光照..........133
- 自然光源...........134
- 人工光源...........136
  人工光源的种类........136

结语...............139

Chapter 1　定制你的迷你花园

　　当你决定开始制作一个微景观生态瓶时，就面临着许多的选择：打造什么风格的生态瓶？用多大尺寸的容器？选用什么植物和装饰物？这些问题，往往会让新手觉得无从下手。

　　本章将通过系统的介绍，让你对生态瓶的类型与风格有初步了解，助你迈出制作生态瓶的第一步。

容器的种类和生态瓶的微气候

　　生态瓶的风格主要由玻璃容器来决定。为了让作品能被完整地纳入容器，在创作之前就要决定好容器的大小和形状。容器内的气候环境主要是由选择的植物和容器的封闭程度来决定的。通常来说，容器的封闭程度越高，容器内的湿度和温度就会越高。

　　容器的大小和形状也很重要，在一个小型的家具上放一个硕大的生态瓶会产生不和谐感，并不美观；反之亦然。同样的道理，一个扁平状的容器只能与横向延伸的家具搭配，比如餐边柜、五斗柜，而一个直立型的容器几乎能与所有类型的家具搭配。

　　当然，这些规则并不绝对，重要的是容器和家具能形成一种整体的和谐感。但是为了让你的创作之路更加轻松，不要忽视以上建议。

使用不同容器的现代风格作品

容器的风格

现代风格

　　现代风格的玻璃容器通常外观简洁、轻盈、富有个性。这是微型景观中最常见的容器，因为它最能体现时下潮流，优点也最为明显。减少所选植物的种类和简化装饰品是从造景上营造现代感的关键。

● **优点**：有多种形状和尺寸供选择；可与现代风、工业风等多种装修风格搭配；简单朴素的容器能更加凸显微型景观本身的美感；留给创作者非常大的创作空间。

● **缺点**：制作成本较高。

复古风格

　　这种风格在20世纪90年代非常流行，通常使用旧的糖果罐和奶酪罩作为容器。如今我们可以根据当下的审美进行改良。比如可以在市场上购买做旧风格的全新容器，这种做旧风如今看来有一种别样的时髦感。当然，直接去旧货店淘也是一种不错的途径。

● **优点**：与乡村风相得益彰，也能与经典优雅风或者工业风相搭；可回收利用旧容器。

● **缺点**：需要与之相配的室内装饰风格，否则很容易显得土气。

容器的大小

小号容器

这类容器空间有限，操作简单，即便是小孩都能轻松上手。不需要花太多钱，用一个酸奶罐或者烛台即可。这是入门或者练手时的最佳选择。

● **优点**：操作简单快捷、价格便宜、容易获取。

● **缺点**：创作空间小、搭配使用的微型植物并不好找。

加大号容器

没有什么比一个巨大的容器更能承载你的创作狂想了。使用这类容器制作的微型景观装饰效果最好，但通常价格昂贵并且会占据太多室内空间。

● **优点**：大气、装饰效果好、可以引导和改变室内装饰风格、植物的选择更多样化。

● **缺点**：很难买到；通常是手工制作，价格昂贵；需要搭配较大的空间和家具。

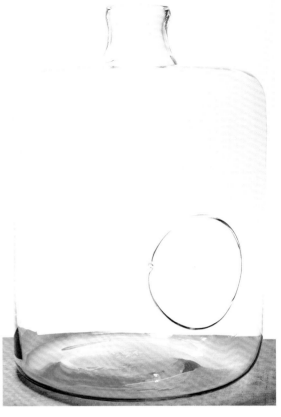

容器的封闭度

封闭式容器

　　这种容器能保存热量和水汽，十分适合喜湿的热带植物。不过，聚集的热量和水汽也会导致容器内外产生温度差。温差过大时，容器内壁会凝结水汽。所以，使用封闭式容器制作生态瓶需要定期打开瓶口通风，并且需要保持较高的室内温度。总的来说，这种容器在使用过程中需要较多维护。

● **优点**：适用于热带水生植物；容器内景观与外部世界完全隔绝，更有微型生态系统之感；水分蒸发量少，无须经常浇水。

● **缺点**：容易导致水汽凝结和霉变，需要定期通风。

半封闭式容器

　　这一类容器通常有一个小开口，用来避免容器内产生温度过高、水汽凝结和发霉腐烂等问题。它能保持适中的湿度，也是种植喜湿的热带植物最常使用的容器。

● **优点**：可与各种类型的植物搭配、没有全封闭式生态瓶的缺点、需要时可以用塑料薄膜把开口遮住。

● **缺点**：开口加速了水的蒸发，因而浇水频率比封闭式生态瓶高。

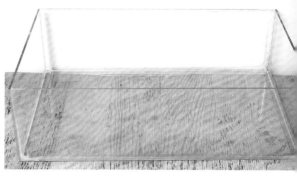

敞口式容器

　　这类容器的种类较多，如小型水族缸、不带盖的玻璃罐等。这类容器有助于突出容器内的植物和装饰效果，虽然适用于所有类型的植物，但是如果种植水生或喜湿植物，则需要更加费心打理。

● **优点**：容器内的空气能更好地流通；更加突出景观本身的美感；即使选择半水生植物也不会有水汽凝结的问题。

● **缺点**：水分蒸发快；浇水需更频繁；如果选用热带植物，房间温度需足够高。

容器的外形

扁平型容器

　　这类容器通常为底部面积大的敞口式容器，可以用于种植各种陆生植物。

● **优点**：可以选用多种陆生植物组合出美丽的景观；重心低，不易倾倒。

● **缺点**：需要有足够的摆放空间。

竖直型容器

花瓶等竖直型容器经常被用来打造微型景观，这类容器在造景中有着高度上的优势，适用于需要占据较多纵向空间的植物，会给景观带来一种更加空灵的感觉。

● **优点**：与放置平台接触面积小、给室内装饰带来空灵感、适合大多数装修风格、种类繁多，选择多。

● **缺点**：重心较高，有掉落的危险；不适合种植横向生长的植物；需要选择高挑的植物和装饰物。

生态瓶的微气候

高温潮湿环境

　　创造这种环境需要容器内温度超过20℃且保持较高的湿度，这是热带植物、附生植物和水生植物的乐园。这些植物对于环境的依赖度较高，一旦适应了一种气候环境就不能再轻易地更换。

● **优点**：植物茂盛，种类繁多；环境稳定性强。

● **缺点**：有可能导致发霉腐烂和招致害虫；在缺水的情况下植物生存能力弱。

上：开放式热带植物微型景观
中：叶片独特的蕨类植物
下：附生植物的最佳选择——三尖兰

温带环境

　　周围的绝大多数植物都可适应这种环境，包括野生及人工种植的植物。去花园中或者森林里随便逛逛，就可以找到组建此类迷你花园的免费素材。不过，植物在野外可以长时间生存，但是放入容器之后寿命会缩短。

● **优点**：操作简单，易上手；成本低；可替换性强。

● **缺点**：在室内环境下植物的寿命不长。

左上：以灌木为基础创作的生态瓶
右上：河畔植物生态瓶
右下：草地植物生态瓶

生石花生态瓶

仙人掌生态瓶

干燥环境

　　玻璃容器内通常没有排水装置，因此，需要搭配排水性能良好的土壤来营造干燥的环境。这类干燥环境的生态瓶，很适合用来种植多肉植物以打造沙漠型微景观。这类生态瓶通常不太需要打理，很适合不常在家的人士。

● **优点**：耐旱性强，无须费心打理，可以营造具有沙漠风情的微景观，给家居空间带来一道不一样的风景。

● **缺点**：不耐涝。

半水生环境有利于苔藓的生长

露出水面的水生植物

半水生环境

　　这种生态环境的实现难度较大，也比其他类型更难打理。但与此同时，由于引入水这个元素，此类景观更具美感：水增添了一份灵动、闲适的感觉。

● **优点**：适合水生和半水生植物、彰显出极富自然气息的美感、比水族缸更易打理。

● **缺点**：水分蒸发量大，需要花费更多时间来养护；水生植物不易购买。

Chapter 2　自然风格的装饰

　　目前装修的流行趋势是"自然才是王道"。自然色、未经雕琢的材料、客厅里的植物墙、水族缸……这一切都彰显着人们对于大自然的向往。在几千年的时间里，人类都过着与自然亲密接触的生活，如今的钢筋水泥建筑难免让我们有点无所适从。

　　植物能安抚、疗愈我们的身心，在桌子上或者窗户边打造一个"小自然"是人类亲近本源的有效尝试。一个成功的生态瓶，首先应该从大自然中获取灵感，而后借鉴一些艺术手法创造更和谐的美感。这也是我们接下来要具体阐述的内容。

室内的盎然生机

　　生态瓶几乎可以和所有的室内装饰品和谐共处。它可以被放置在任何有散射光的房间：客厅或厨房等热且干燥的空间，可以放置干旱型生态瓶；潮湿的房间可放置高温潮湿的半水生生态瓶；凉爽的房间，比如卧室，可放置常温型生态瓶。生态瓶可以摆在家具上，也可以直接放在地上。

　　当然，也可以给生态瓶配一个底座，材质坚固且尺寸合适即可。一个暗色的底座可以减少反射，更好地凸显景观的美丽。

自然风格的附生植物钟形罩生态瓶

复古又时髦的糖果罐生态瓶

现代风格的生态瓶

带实木底座的自然风格生态瓶

启发和灵感

　　生态瓶等微型景观的创作诀窍在于：听从内心的声音，用作品来表达自己的感受。但是，如果想呈现一种恰如其分甚至无可挑剔的美感，或者让作品更加富有自然气息，就必须从创作的原型——大自然或者其他同样追求自然、平衡的艺术流派中汲取灵感。

生态瓶中的细叶植物

大自然

　　如果你想将大自然装进玻璃瓶中，首先要做的便是仔细观察它，然后选择一个喜欢的场景，以此为范例尝试塑造一个瓶中的"大自然"。

灌木丛

　　灌木丛可以为我们提供永不枯竭的灵感源泉。这里汇聚了一个个小生态圈：苔藓、树桩、岩石各自构成了独立的小宇宙。植物恣意生长，树根与腐殖质水乳交融，禾本科和蕨类植物相伴为邻，落叶也是整个画卷中不可缺少的一部分。我们同样可以在生态瓶中加入少量的落叶以增加作品的自然趣味。这也是在盆景中常见的做法。

热带雨林中的灌木丛植物

布满苔藓的岩石

树下的白花酢浆草

灌木丛中的锯齿状叶片

沙漠中的石头山

植物在岩石的夹缝中生存

沙漠中的绿洲

沙漠

　　干旱和半干旱的自然环境中聚集着许多多肉植物和耐旱的禾本科植物。这些植物都可以被移植到生态瓶中。沙子与岩石等矿物是构成沙漠的主体物质，因此，在以沙漠为主题的微型景观创作中不可缺少沙子和岩石。

溪流、泥潭和沼泽

　　这几种环境都与水有关，且通常相距不远。水生植物、半水生植物和喜湿植物是这些地方的常见植物。水流与富含腐殖质的土壤带来了丰富的营养，让植物能茁壮地生长，因而这里的植物种类十分丰富，数量也很多。沼泽富含泥炭和泥炭藓，因而呈酸性。只有能适应酸性环境的植物，如食肉类植物和禾本科植物才能在此生存。

苔藓和岩石构成的河岸

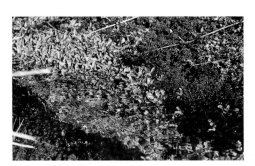

泥潭边的肥沃土壤

自然是灵感的源泉

沼泽地里的苔藓小山丘

日本的侘寂文化

　　"侘寂"（wabi-sabi）这个词出现于12世纪的日本，它把自然美学和哲学融合在了一起，展现的是自然朴素的美。"wabi"让人想起杂乱混沌中蕴含的美感和大自然的残缺之美，"sabi"则描绘的是流逝的岁月在物件上留下的质感。这个概念被日本人运用到许多艺术形式上，比如日式盆景和石禾（种在石头上的盆景）。作为日式盆景艺术起源的中国盆景艺术中，侘寂文化也有所体现。中式盆景通常由石头、小型树木、苔藓共同构成。

　　当今，天野尚（Takashi Amano）——一位日本设计师及水缸造景师发明了"侘草"（wabi-kusa）的概念，这个词是"wabi-

侘寂风格的日本花园

自然和真实是侘寂风格的主题

日式盆景，侘寂风格的典型代表

水生植物佗草

sabi"和"kusa"（种子或植物）的组合，指的是在包裹着苔藓的球状基底中种上水生植物。佗草可以直接放入水族缸中，或放入类似于茶托、广口瓶、凹口盘的容器中进行半水培式培养。简单来说，佗草就是一种水生的苔玉（专指包裹陆生植物的苔藓球）。这对于创造既自然又兼具美感的微型景观大有裨益。这些佗寂风格中所使用的技巧都可以应用在生态瓶的创作里。接下来我们也会进一步探讨为了达到佗寂感所要遵守的造景原则。

苔玉

植物设计

近年来，随着人们越发推崇亲近自然的理念，"植物设计"这一概念应运而生。事实上，第一个真正的植物设计师是设计了毡布铺贴植物墙的法国艺术家帕特里克·布朗。

自他之后，设计师们用苔藓和其他植物作为艺术工具，创作出了许多前卫、大胆的作品。如今，从广义上来说，植物设计已进入寻常百姓家。许多人的家里都能找到水族缸、微型景观、植物墙等植物相关的装饰物。希望这本书可以唤醒你的设计灵感，帮助你用植物做出富有新意的设计。

水族缸里的水生植物造景

自然美观的植物水族缸

大型热带湿润型生态缸

Chapter 3 制作生态瓶需要的材料

即使只有少量的工具，也可以进行创作，只要有一点耐心加上一点创意，就足以成就一个美丽的迷你生态瓶。

但是，如果你对生态瓶的独创性有着更高的要求，如果你想提高创作技巧、延长景观的观赏期，那么准备几件合适的工具、装饰物和专门的培养基质就很有必要了。

容器

你可以选择任意形状、风格的容器。不管是现代风格还是复古风格，或者是旧物利用，根据你的喜好和需求选择即可。唯一要注意的是不要选择质地太厚或者形状太怪异的种类。（参见P8~13）

各种不同形状和风格的容器

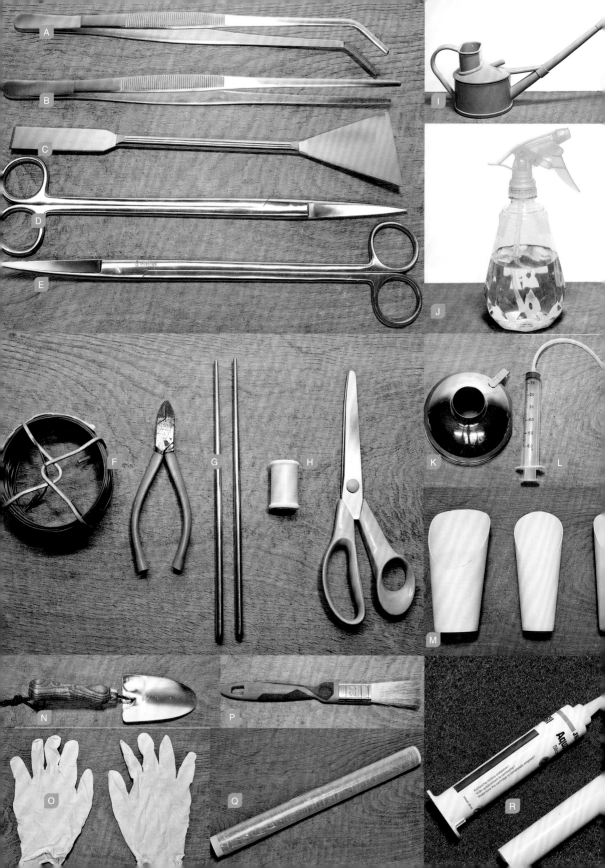

工具

A 弯头镊子：可以用来夹取玻璃瓶底部的叶片，也是很好的种植工具。用镊子夹住植物根茎之间的连接处，然后插入培养基质中，它可以深入到许多直头镊子无法到达的角落。

B 直头镊子：和弯头镊子用途相同，可以用来夹住植物根茎之间的连接处，将其插入培养基质中。

C 三角平铲：在水族缸造景中非常常见，可以用来推平土层，也可以用来给沙子或培养基质推出斜坡。

D 长柄直剪：其优势在于长度，可以深入容器底部修剪植物的叶子或者根茎。

E 长柄弯剪：可以深入到一些更隐蔽的部位，同时也是修剪低矮贴地植物如苔藓、草坪草等的绝佳工具。

F 铁丝和钳子：把过重的附生植物固定在附着物（如树根、岩石）上的必备工具。

G 筷子：这是一个非常方便的工具，比镊子更易于夹取物品或移动植物，也可用来在培养基质中打洞。

H 尼龙线和剪刀：它们的用途同铁丝和钢丝钳一样，但是通常用于更脆弱纤细的植物。

I 洒水壶：这是一个盆景专用的日式洒水壶。它洒水精准，水量小且均匀，不会破坏容器内的景观。

J 喷壶：可以用来给植物叶片喷水，也可以用来给叶片喷施叶面专用肥。

K 果酱漏斗：相较于一般漏斗而言，果酱漏斗有着更大的开口。因此可利用它将培养基质放入容器底部而不污染容器。如果没有这种宽口的漏斗，可以在容器里插入一根粗管，通过粗管把培养基质送入容器底部。

L 注射器和软管：如果你只想给景观的某一特定部位浇水，可以使用这个工具。这也是给半水生植物换水的最好工具，可以避免把容器内所有物品全部倒出来的麻烦。当然，也可以用这个方法给水生植物加水。

M 铲土器：铲土器通常与漏斗配合使用。当容器开口够大时，它比漏斗更方便，可以帮助我们精准平稳地将培养土放入容器底部。

N 移植铲：可以用来从野外挖取植物或者在厚实的培养基质中挖洞。

O 防护手套：在种植过程中不要忘了戴手套，以免弄脏手，也可以降低被培养基质中携带的病菌感染的风险。

P 刷子：这是用来平整沙层的有效工具。刷子需要够大才不会在沙子表面留下过多的痕迹，但也不能太大以免无法顾及狭小的空间。

Q 保鲜膜：可以用来遮住全部或者部分的容器口，以减少水分蒸发。通常用于水生植物适应环境阶段，避免因为温度过高引起的频繁浇水。

R 食用硅酮玻璃胶：这款硅酮玻璃胶不会在水中释放出有害物质，因此是水族缸中的常见工具。它通常用于将石头或者树根固定在玻璃上，有助于创造出许多独特的装饰物。易于去除，用一块剃须刀片割开即可。

Chapter 4　造景的基本原理

　　如果一个摄影爱好者想要拍出一张好看的照片，就需要学习摄影的相关知识。同样，如果你想创作一个成功的微型景观生态瓶，学习一些造景的基本原理也是必要的。

　　学习虽不能保证你的成功，但会给你的成功奠定坚实的基础。因为在创作过程中，作品的构思远比植物和装饰物的选择来得重要。只要构思足够巧妙，一个低成本的生态瓶也可以美得让人惊艳。相反，如果忽略构思，即使拥有再美丽的植物和再奇特的装饰物也无法制作出好的作品。

　　花一些时间来思考，不断尝试变换植物和装饰物的位置，直到找到让你眼前一亮的组合方式。

设计原理

微型景观的美在于它是大自然的完美复刻。如何将大自然的气息装入一个玻璃瓶中是生态瓶创作过程中主要的挑战之一。同时做到让景观自然、和谐且存活期长并不是一件易事。日本造景大师天野尚先生是自然水族创作艺术的先驱，这一艺术形式被称为"水族造景"。我们可以从水族造景的原则和方法中得到启发并应用到生态瓶的创作中。

在掌握了一些基本原则之后，只需要跟随想象和灵感的指引，就可以成为一个真正的"生态造景师"。

根据水族造景原则布置的水族缸

自然与美感兼顾的原则

开始布置生态瓶之前，首先需要选择尺寸和形状适宜的容器。如果种植的是湿地（半水生）植物和地被植物，那么可以选择提供更多平面空间的扁平型容器。相反，如果植物有一定高度，则应选择一个竖直型容器。然后，在纸上画出设计草图，这样植物和装饰物的位置都可以一目了然。这个预先构想的练习有助于对作品的最终成型形成初步了解。

种植原则

● 种植时，将低矮的植物如地被植物安排在前景，高大的植物安排在后景。这样可以在整体上形成一种层层递进的效果，也能更清楚地展示生态瓶内的所有植物。

● 选择叶片纤细、体型小巧的植物，这会让景观整体上显得更大。大型植物占据瓶内大量空间，给人一种逼仄感，同时也会让景观整体显得更小。

● 植物种类不宜过多。不要让生态瓶变成一个植物标本展示瓶，这样完全没有美感。因为在大自然中，如此多的物种不太可能同时生存在一个狭小的空间内。尽量在整个生态瓶中使用同一属的植物，这样看起来会更有和谐感。

● 选择叶片类型不同的植物，但是尽量避免叶片颜色太出挑的种类，除非整个作品中只有一株这样的植物。

● 采取非对称的方式栽种。每种植物的数量最好为奇数（比如3株或5株）。

这个作品选用的植物都很小巧

造景原则

● 从装饰物入手开始创作。把它们放在适合的位置上，但绝对不要左右对称。

● 选择与生态瓶大小相称的装饰物，不要太小也不要太大。注意装饰物和容器之间的高度差，如果装饰物比容器矮太多，会造成一种塌陷感。将装饰物恰当地摆放，避免产生堆积感。用所有的构景元素集中突出一个主体：可以是一株体型较大的植物，一株色彩鲜艳的植物，一个树根或一块特别的石头等。像摄影构图一样，不要把主体放在画面的中央，遵循三分法或者黄金分割原则。可以在一个微景观中使用两类不同的装饰物，但确保每一类装饰物都是同样的风格（比如整个作品中使用同一种风格的木头或同一种风格的石头）。以其中一类装饰物为主，然后用植物巧妙地遮盖以削弱它的存在感。

● 整理培养土，将其铲成一个向前倾斜的斜坡，这样作品会更有层次感。根据植物的高矮决定它们的前后位置也是同样的道理。

扁平的容器宜选择低矮的树根作为装饰物

培养基质

● **坎纳土：**产于日本，通常用于苔玉或者某些盆景的制作。颜色黑，黏性强，富含纤维和营养物质，可以将植物固定在岩石或树根上。

● **水苔：**保水性强，可以储存达自身重量20倍的水，可为喜湿植物提供水分和营养补给，可以加入腐殖土中或者直接作为附生植物的培养基质使用。水苔会使周围环境酸化，抑制细菌和真菌的生长。干的水苔在浇水和阳光照射后可以快速重获生机。当然，它也可以直接用于装饰。

● **陶粒：**这是容器底部必不可少的元素。它可以帮助土壤排水，避免植物根部泡水腐烂。此外，它能让土壤保持一定的湿度，促进有益细菌的生长。

● **砂石：**除石灰岩之外的所有石头都可用于培养基质的制作，主要用在苔藓球里使其能沉入水中。此外，可以铺在容器底部起到排水的作用。

● **木炭：**并非必需品，但它可以促进有益细菌的生长，防止土壤产生异味。

● **树皮：**能促进基质排水，同时保持良好的湿度。栽培像附生植物一样无须土壤也可生长的植物时，可以单独使用树皮或者将其混在腐殖土中使用。

● **原生土：**指植物的原生土壤。在野外挖取植物时，植物根部需要带有足够多的土壤才能更好地成活。也可以在原生土里加入些许腐殖土，这样植物既不需要适应土壤环境突然的改变又可以有额外的养分补给。

● **腐殖土：**园艺基础培养基质，包含了植物生长所需的所有养分。

● **水生植物培养基质：**专供水生植物使用的腐殖土。加入了砾石、赤玉土、沙子以便植物根系可以自由呼吸。这种培养基质养分丰富且并不昂贵。想让水生植物在土里也能像在水里那样良好生长，这种土壤是必不可少的。但如果你觉得保持水质的清澈透明比较重要，则应该选择纯赤玉土或者多合一水生植物培养基质。培养基质加水后就可以使用，水刚好没过土层即可。

● **多肉植物专用腐殖土：**专门为多肉植物准备的腐殖土，买来之后就可以直接使用。

坎纳土　　　　　　　　　水苔　　　　　　　　　干苔藓

木炭　　　　　　　　　砂石　　　　　　　　　陶粒

缓释型水生植物肥料　　　　　赤玉土　　　　　　水生植物培养基质

装饰物

石头和沙子

选择石头时，优先选择那些高低起伏、沟壑纵横的种类。这样的石头能更好地模拟出大型岩石的感觉，使作品更真实。石头里不能含有对植物有害的石灰质。把石头和沙子放入生态瓶之前先反复清洗几次，确保不会污染水质。

青龙石

欧高科石

木化石

武士石

页岩石

石灰石：十分美观，但不能放入水中，它会释放出对植物根部有害的石灰质

卵石：它们既可以起到排水的作用，也可以用于装饰。可将其与颜色相近的沙子或者岩石掺在一起使用，以创造一种和谐的美感

火山石：火山石是由火山喷发的岩浆冷却后所形成的石头，可以用于装饰，也可以保持土壤的湿度。暗色调的石头更能凸显植物本身的美

板岩碎石：会导致水质浑浊，不适宜用于水族造景

沙子：水族缸造景中应选用冷色调的沙子，而在陆生植物微景观造景时则一切颜色均可选用

A.白色细沙　　B.黑色细沙　　C.白色粗沙砾

将沙子打湿后，可与不同颜色的土壤混合使用

木头

来自亚洲的造景树根：可以像红树型植物的树根一样放入水中，枝干分明，纤细且轻盈

野生树根和树枝：大多数野生树根和树枝都可以在无水的微景观中使用

建议

在把野生树根和树枝放入玻璃容器前，先放入沸水中消毒以杀死其中的微生物，避免日后腐烂变质。

苔藓

苔藓带来了自然的气息，它在凸显微景观的精巧的同时，也可以让微景观看起来更有分量，是增加微景观美感的利器。日本人喜欢在盆景中铺上苔藓，这也让他们成了苔藓种植专家。但苔藓的种植对于新手来说并不简单。苔藓的种植有几个诀窍。首先，要了解苔藓的生长方式。在进行微景观创作时，建议先从种植苔藓入手。等苔藓长好了，再加入其他植物，这样其他植物的影子就不会影响苔藓的生长。但是从实践的角度来看，一次性把所有植物移植到位会比较省事，因此也可以将苔藓放在加满雨水的泥炭土上单独培养，等它长好后再加入微景观中。

苔藓植物在植物界中的分类比较特殊。它被分为3个纲，其中主要的是苔纲和藓纲，包括分布在全世界的约26 000个不同品种。这种没有根和维管组织的古老生物，一向是占领地球荒地的先行者。苔藓喜生于阴暗而潮湿的环境，可利用假根依附于任何物体上，它们生命力顽强，即使在经历了长时间的干旱天气后也能迅速恢复活力。苔藓强大的储水能力对维持森林的水平衡起到了积极的作用。

石墙上的苔藓

树枝上的苔藓

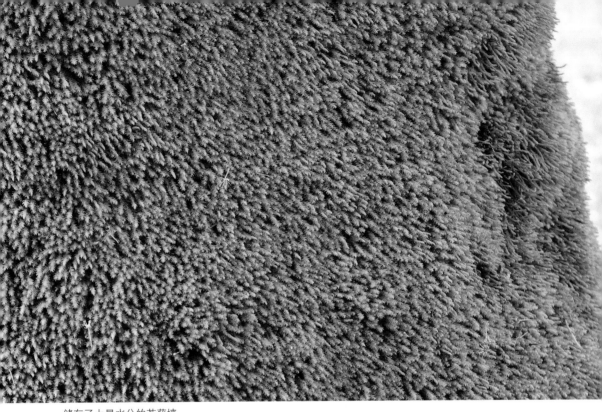

储存了大量水分的苔藓墙

生长条件

● **光照**：虽然苔藓是喜阴植物，但也需要一定的散射光线，注意一定要避免阳光直射。

● **空气湿度**：苔藓植物喜欢潮湿，生长环境的空气湿度须一直保持在80%以上。另外，为了避免出现缺水的情况，需要勤浇水。

● **水**：苔藓对石灰或者高浓度的肥料很敏感。因此需要使用雨水或没有肥力的净化水来浇灌。酸性(pH=4)或弱酸性（pH=6.5）的水十分有利于苔纲及藓纲植物的生长。流经树干后到达地面的雨水可以给苔藓植物带来丰富的营养和腐殖酸。用泥炭泡过的水也可以用来浇灌苔藓。

● **位置**：只要保水性强或者能一直保持湿润状态，苔藓植物可以搭配任意类型的装饰物。水生苔藓既可以生活在水下，也可以在陆地生长。

苔藓的种类

热带苔藓植物能在高温潮湿的生态瓶中存活。但是热带苔藓在市面上并不常见，我们可以购买用于水族缸造景的水生苔藓来替代。（参见"半水生迷你生态瓶"）

只要生态瓶中的空气湿度足够高，水

已适应陆地环境的水生苔藓

生长在兰花脚下的热带苔藓

浸水后重获生机的泥炭藓

喜高温潮湿环境的葫芦藓

生苔藓也能适应陆地生活。买来的干泥炭藓，在浸水和光照条件下几周到几个月后就可以放入一个高温潮湿的生态瓶中使用。你也可以在市场上购买热带植物，采集长在植物脚下的苔藓。野生苔藓的采集并不困难，但它的存活情况受容器内部温度的影响。

Chapter 5　创作过程详解

　　不同类型的生态瓶制作，需要准备的玻璃容器、工具与植物也各不相同。本章以丰富的示例介绍了4种不同类型的生态瓶的创作思路与材料选择。每个生态瓶的创作过程详解都附有精美的图片和步骤说明，充分展示了生态瓶的制作技巧。

　　希望你可以从中得到启发，尽情发挥创意，动手创作出属于你自己的生态瓶吧！

难易程度

非常简单

简单

中等

难

野生植物迷你生态瓶

制作微景观最简单的方法是从自家花园采集所需的材料。野生植物虽难以存活，但因为花费少，不会产生太大的损失。这种方法人人都可以尝试，只需一点点的创意和时间便能成功。采摘的野生植物可以是任意种类，甚至可以是一株春季花园里随处可见的野草，只要植株够小且叶片形态能给你带来创作灵感就可以。小巧的叶片会让景观更有层次，也会让迷你花园看起来更大。

挖取植物前准备一把移植铲，挖土时注意保留植物大部分的根系。如果你身处野外，请在挖出植物后立即用浸湿的吸水纸包裹住根部并整株放入湿润的密闭容器里。小型草本植物无法在缺水的环境中生存，这个方法能避免到家之前植物就已凋萎甚至枯死。在制作迷你生态瓶之前，需要先将植物泡在水里清洗掉根部的泥土。在将苔藓移植到玻璃瓶里之前，同样也需要清洗根部。

示例一：
极简主义（P62）

示例二：
峭壁之上（P64）

示例三：
简易型生态瓶（P66）

示例四：
河岸风光（P68）

示例五：
戈壁风情（P72）

培养基质

黏土、腐殖土、赤玉土、坎纳土、泥炭藓、
陶粒、木炭。

示例一：极简主义

- **难易程度**：非常简单
- **所需材料**：铲土器、长柄镊子、长柄剪刀
- **容器**：玻璃密封罐
- **培养基质**：陶粒、木炭、腐殖土、花园黏土
- **装饰物**：木化石
- **植物**：叶片小巧的野生植物和小型苔藓

这款微景观非常容易上手，甚至小孩都可以独立完成。只需要一个玻璃密封罐、少许培养基质、几棵野生植物，再发挥一点点创意就能成功。

使用的植物和石头种类没有限制。不过植物的存活时间可能并不是很长。

锯齿状叶片的
野生植物

小型苔藓

1. 将陶粒放入玻璃罐底部。　　2. 放入一点木炭。　　3. 放入1：1混合的腐殖土和黏土。

4. 用长柄镊子将植物根部插入土壤中，植物的位置　5. 俯视，确认植物并不居中。
尽量偏离容器中心。

6. 修剪苔藓后小心地将它铺在植物周围。　　7. 放入装饰物，同样注意位置偏离容器中心。

养护方法：定期浇水，保持土壤湿润且无积水；间或给苔藓喷水。

示例二：峭壁之上

- **难易程度**：难
- **所需材料**：长柄镊子、长柄剪刀
- **容器**：直立型玻璃烛台
- **培养基质**：坎纳土
- **装饰物**：孔洞型石灰石
- **植物**：景天科植物和小型苔藓

这个微景观的制作有一定难度，其创作构想是呈现一座长满植物的假山。我们采用岩石盆景中的常见做法，利用坎纳土的黏性将景天的根部和苔藓固定在石头上。粘土时，手法需要又快又准，粘好后再铺上苔藓。

景天

苔藓

石灰石

1. 将坎纳土填在石灰石的凹陷和孔隙处，用手指
按压使之粘紧。

2. 将景天按株分开，用长柄镊子将它们的根部固定
在坎纳土里。

3. 重复上一步直至石灰石上的植物密度足够大。
固定植物后可以再盖上一点土，让植物的根部更
加稳固。

4. 让苔藓保持湿润状态，切成小块后用镊子固定
在土壤上。

5. 将整个石灰石轻轻放入容器里。

养护方法：景天和苔藓耐旱能力强，但是需要有足够的光照，可放置于无阳光直射的窗户附
近或者直接放置于窗户外。每周用雨水喷浇一次。

示例三：简易型生态瓶

- **难易程度**：非常简单
- **所需材料**：铲土器、长柄镊子、长柄剪刀、刷子
- **容器**：扁平型烛台
- **培养基质**：赤玉土、花园里的黏土
- **装饰物**：红树型植物的树根
- **植物**：叶片小巧的野生植物和小型苔藓

这款微景观的制作方法非常简单，人人都可以上手，并且不受季节的限制。关键是将想要的植物整体挖回，而不是将植物分开挖取再一株株种上。这种方法既简单又能保持景观的原始风格，让景观更为自然。

将植物移入容器中时需要保留一定量的原生土壤，并以排水良好、养分充足的赤玉土为基底。在挖取植物时需要注意保持根部的完整性，挖出后要马上浇水。用于装饰的植物和树根可以根据喜好随意选择。

叶片小巧玲珑的野生植物

小型苔藓

2.用铲土器将赤玉土倒在容器里。

1. 将树根放置在容器底部。

3. 用小刷子将土层刷平，并刷掉散落在树根上的灰尘。

4. 用剪刀将不完整的叶片、枯萎的根茎、干草以及其他一切有损美感的部分处理掉。将植物插入容器内，较高的植物放在容器的后方。高挑的植物在容器里能增加微景观整体的高度。

5. 用苔藓将空隙处填满。

6. 种植完成后立即大量浇水。

7.完成的作品看起来十分自然。

养护方法：定期浇水，保持土壤湿润且不积水；间或对苔藓进行喷水。

示例四： 河岸风光

- **难易程度**：简单
- **所需材料**：铲土器、长柄镊子、长柄剪刀、刷子
- **容器**：玻璃罐
- **培养基质**：植物原生土壤
- **装饰物**：青龙石、粗沙砾、白色细沙
- **植物**：野生植物（禾本科植物、多足蕨、问荆）和小型苔藓

在创作这个生态瓶时，我们用生长在河畔的喜湿植物来还原布满沙石的河滩。因此，需要使用一个封闭式容器来保证空气湿度。由于选择的植物原生于潮湿的环境中，因此不需要考虑排水的问题，直接使用植物的原生土壤即可。

玻璃罐

多足蕨、问荆和禾本科植物

2. 将植物高过容器的部分剪掉。将石头放入容器的中央，形成一道分隔前后的屏障。在容器的后半部分随意放置几块石头。

1. 用剪刀将不完整的叶片、枯萎的根茎、干草，以及其他有损美感的部分修剪掉。如果植物过长无法放入容器内，可以适当进行修剪，修剪时应尽量保持植物的自然风貌。处理完成后，将植物放入容器底部，以非对称方式摆放。

3. 在光秃秃的石头上方盖上苔藓。

4. 在被石头分隔出来的一侧空间里填上白色的粗沙砾。

5. 另一侧则填上细沙。

6. 用刷子将细沙整理成一个斜坡，以便能看清楚容器内的造景。

7. 浇水至细沙被全部淹没。

养护方法：大量浇水至轻微积水；间或给苔藓喷水。时不时打开玻璃罐盖以保持空气流通，防止植物腐败变质。

示例五：戈壁风情

● **难易程度**：简单

● **所需材料**：铲土器、长柄镊子、长柄剪刀、三角平铲、刷子

● **容器**：玻璃罐

● **培养基质**：陶粒、植物原生土加腐殖土

● **装饰物**：石灰岩碎石、砾石、橙色细沙、干草

● **植物**：百里香和马齿苋

这个作品试图还原处于半干旱环境下的戈壁滩，和其他沙漠风格的微景观一样，需要以沙子、石头和干草来模拟原生环境。由于整个生态瓶所需的环境空气湿度很低，因此使用封闭式容器也不会有什么问题。只要在浇水后将玻璃罐的盖子打开一段时间，让多余的水分蒸发掉，植物就不会有发霉腐烂的风险。

广口糖果罐

百里香和马齿苋

1. 将陶粒倒入瓶中。

2. 将腐殖土倒入瓶中。

3. 用三角平铲将土层推成一个前低后高的斜坡。

4. 用长柄镊子将百里香种入土里。

5. 将马齿苋种在斜坡的最低处。

6. 将较大的石头和干草自然随意地摆放于容器中。

7. 用铲土器倒入沙子。

8. 用三角平铲将靠近瓶壁的沙子尽量往下压。

9. 用刷子将洒落在植物上的沙子刷干净。

10. 最后将较小的砾石放入瓶中。

11. 作品全貌。

养护方法：这些植物耐旱能力强，浇水量视气候条件进行增减，常规情况下每周浇水一次即可。为了避免破坏沙子的形态，浇水时应用细雾喷壶喷洒。

植物的选择

　　几乎所有植物都能用于此类生态瓶的制作，因此，你可以根据自己的喜好来进行选择。不过要注意尽量选用低矮的植物品种，以免破坏防护性地被植物。如今天然野生苔藓已越来越少，请勿随意采摘。

小型植物构成的景观是我们永不枯竭的灵感源泉

用喷壶给生态瓶浇水

使用盆景专用喷壶浇水可减少对生态瓶景观的破坏

养护方法

生态瓶中使用的植物大多来自温带地区，因此养护的时候需要注意避免瓶内温度过高。培养土的湿度要适宜，不能过干也不能过湿。如果培养土总是很快变干而又无法及时补给水分，也不要一次性大量浇水。可以考虑将容器开口用玻璃或者保鲜膜盖住一部分以减少水分蒸发。

另外，请不定期查看植物的状态，及时剪掉枯死的叶片，换掉萎蔫的植物，不时给苔藓喷水。

热带景观生态瓶

　　这类生态瓶对湿度有着较高的要求，因此大多采用半封闭式容器制作。如果容器内种有热带苔藓、食肉植物或兰花等附生植物，那么生态瓶对于湿度的要求就更高。没有热带苔藓等附生植物的生态瓶养护相对简单，就算突然缺水也不会造成太大影响。只要保持土壤湿润并定期浇水，大多数热带植物都可以在生态瓶内健康生长。

示例一：
热带沙漠生态瓶
(P80)

示例二：
苔玉式生态瓶
（P82）

示例三：
食肉植物生态瓶
（P86）

示例四：
绿意满溢生态瓶
（P88）

示例五：
附生植物生态瓶
（P90）

培养基质

室内植物专用腐殖土、树皮、坎纳土、
赤玉土、泥炭土、陶粒或沙砾、木炭。

示例一：热带沙漠生态瓶

● **难易程度：**中等

● **所需材料：**铲土器、长纸筒、漏斗、三角
平铲、刷子、长柄镊子

● **容器：**高身窄口花瓶

● **培养基质：**沙砾、木炭、室内植物专用腐
殖土

● **装饰物：**白沙、青龙石

● **植物：**草胡椒、千叶兰、蕨类植物

　　这个生态瓶的操作难度在于花瓶瓶口
窄小，手无法进入容器内。示例将展示如
何完全借助工具来制作一个生态瓶。

蕨类植物

千叶兰

草胡椒

1. 用长纸筒和漏斗将沙砾送入容器底部。

2. 用同样的方法加入腐殖土。

3. 用三角平铲将土层大致铲平。

4. 用长柄镊子和三角平铲较细的一端将植物种入土壤里，高的植物种在后景位置，矮的植物种在前景位置。

5. 用长纸筒和漏斗将沙子轻轻地倒入容器内，以盖住裸露的腐殖土。

6. 用刷子刷掉植物叶片上的沙子并将沙层刷平。

7. 在沙子上错落放置几块石头让景观显得更加自然。

养护方法： 定期浇水使腐殖土保持湿润状态。不定期喷浇叶片使叶片保持鲜嫩。浇水时应使用细雾喷壶以免破坏沙层。

示例二：苔玉式生态瓶

- **难易程度：** 中等
- **所需材料：** 长柄镊子、长柄直剪、尼龙线
- **容器：** 圆形高身蜡烛台
- **培养基质：** 坎纳土、赤玉土
- **装饰物：** 片岩石
- **植物：** 苔藓和红天使椒草

这个生态瓶的制作诀窍在于用苔藓包裹土壤以打造一种神秘空灵的效果，其灵感来自苔玉。

在制作苔玉时，我们将能缓慢释放营养物质的培养基底用苔藓包裹制作成苔藓球，然后将植物种在其中。苔玉可以以捆绑或者悬挂的方式装饰于室内的任何位置。这种装饰方式能带来无限的可能性。

建议

> 可以用泥炭藓包裹培养基底以提高蓄水能力。

蜡烛台

苔藓和红天使椒草

1. 将赤玉土和坎纳土以1：2的比例混合后揉成球状。

2. 用苔藓包住土球然后用力捏紧。

3. 用尼龙线固定苔藓层。尽量多绕几圈，使苔藓和土层紧密贴合。第一圈和最后一圈各打一个结。

4. 修剪多余的部分，使球体趋于圆滑。

5. 用镊子将尼龙线挑开，用手在苔藓球上挖一个 6. 小心地用镊子将植物根部插入洞里。
洞。如果要种植的植物很大，那么最好在捆扎苔藓
之前就种入。

7. 在容器底部摆上几块青龙石，然后将苔藓球放在石头上即可。

养护方法：每周将苔玉放入水中浸泡10分钟，浸泡的水中可以加入少量的肥料，赤玉土可以将肥
料中的养分储存起来并缓慢地释放给根部。定期浇水以保持苔藓湿润。

示例三：食肉植物生态瓶

- **难易程度：** 中等
- **所需材料：** 铲土器、长柄镊子、长柄直剪、三角平铲、刷子
- **容器：** 腹部开口的短颈玻璃瓶
- **培养基质：** 沙子、富含植物纤维的泥炭土
- **装饰物：** 枯树枝
- **植物：** 瓶子草、茅膏菜和苔藓

食肉植物喜湿，适合生长在透气性良好的酸性土壤中。可将富含养分的泥炭土和沙子混合以配制适宜食肉植物生长的培养基底。浇水量要大，但注意不要使植物根部有积水。

瓶子草

茅膏菜

1. 将泥炭土和沙子按照 2：1的比例混合。

2. 将混合基质放入容器内，用三角平铲压平。

3. 用手或者镊子将植物插入基质中。

4. 调整植物位置。

5. 用喷壶打湿苔藓。

6. 将苔藓分块放入容器内盖住裸露的基质。

7. 用长柄剪刀修剪不整齐的苔藓。

8. 用长柄镊子将几根树枝自然地摆放在容器里。

9. 用刷子清理容器内壁。

养护方法：注意保持土壤湿润。食肉植物对光线要求较高，因为它们的叶片主要用于捕获猎物而较少进行光合作用，宜将容器放置在光线强但无直射光的地方。

示例四：绿意满溢生态瓶

- **难易程度**：简单
- **所需材料**：长柄镊子、刷子、铲土器
- **容器**：杯形花瓶
- **培养基质**：砂砾、木炭富含植物纤维的泥炭土
- **装饰物**：树枝
- **植物**：草胡椒、蕨类植物和苔藓

这个生态瓶的特别之处不在于其创新的设计理念，而在于呈现出来的独特美感。我们利用玻璃瓶的倾斜角度制造出一种植物跃然而出的有趣景象。为了达到这个效果，加入了蔓生的胡椒属植物。

蕨类

苔藓

草胡椒

1. 将沙砾和木炭倒入容器内。

2. 放入泥炭土。

3. 用铲子将蕨类植物插入容器后景位置。

4. 将草胡椒种在容器前景位置。

5. 再加入少量泥炭土以固定植物根部。

6. 将苔藓分成小块后盖在裸露的土壤上。

7. 放入几根树枝点缀装饰。

8. 草胡椒和蕨类植物创造了一种跃然而动的效果。

养护方法：注意保持土壤湿润，定期给苔藓浇水使其保持湿润状态。

微型尾萼兰

示例五：附生植物生态瓶

● **难易程度**：难

● **所需材料**：剪刀、尼龙线

● **容器**：钟形玻璃罩

● **培养基质**：泥炭藓

● **装饰物**：弯曲的枯树根

● **植物**：微型尾萼兰、苔藓

这个作品的目的在于创造一种纯净、空灵的意境。附生的尾萼兰不需要土壤也可以生长，因此可以将它们用泥炭藓固定在树根上，就像在原始热带丛林里看到的那样。这种类型的生态瓶较难打理，因为附生植物对湿度非常敏感，过湿或者过干都会影响它们的生长。另外，由于容器是全封闭式的，所以需要经常观察植物的状态，避免因容器内空气不流通而造成植物发霉腐烂。

苔藓和泥炭藓

1. 将尾萼兰的根部清理干净，摆放在一根弯曲的粗壮树根上。

2. 将湿润的泥炭藓盖在尾萼兰根部，然后用尼龙线将其绑在树根上。

3. 在捆绑的部位盖上苔藓并用尼龙线缠绕数周后打结固定。

4. 用剪刀将苔藓修剪整齐。

5. 用同样的方法将另外一株尾萼兰固定在树根的另一头。注意两株尾萼兰需朝向相同。

6. 将完成的作品放入钟形罩内。

养护方法：每天将钟形罩打开几小时让植物呼吸新鲜空气。定期将泥炭藓放入雨水中浸泡，泡水后不要立即将植物放回容器中，晾干后再放回以避免湿度过高导致水汽凝结和植物发霉腐烂。定期给苔藓喷水。

植物的选择

所有能在市场上买到的小型热带植物都可以作为备选植物。不过，如果你没有经验或者不够细心，不建议选择难以打理的兰花及食肉植物。而狸藻类植物是个不错的选择，它们喜欢湿润、通风良好的环境及富含泥炭的土壤，开花时显得十分纤巧美丽。天南星科、秋海棠科，草胡椒属和蕨类植物对于生长环境有着相同的喜好，它们比较容易成活而且很美观。

养护方法

注意保持容器内适宜的空气湿度和培养基质中适度的养分含量。保持通风，最好使用排水良好的培养基质。定时给植物浇灌雨水等矿物质含量低的水，这样可以避免水分蒸发后，土壤积聚过多的矿物质。可以在浇灌的水中加入少量肥料以补充养分，但水分蒸发后肥料过度积聚在土壤中，会对植物造成致命的影响，因此需注意观察植物的长势，如果土壤水分蒸发过快，可以将容器开口部分遮住。

建议

当容器壁上有污渍时，可用纸沾上柠檬汁进行清理。醋也具有同样的清洁效果，但味道比较刺鼻，不建议使用。

秋海棠的叶片

天南星科植物有着独特的心形叶片和剑状叶脉

半水生迷你生态瓶

　　这类迷你生态瓶可选用的植物范围很广，故而是所有的迷你生态瓶种类中最具美感和创造性的。此外，水元素的加入也会给景观带来生机勃勃的活力，令人耳目一新。只要养护得当并勤浇水，这类生态瓶的观赏期也可以很长。

示例一：
小泥潭
（P96）

示例二：
水之滨
（P98）

示例三：
沼泽深处
（P102）

示例四：
佗草生态瓶
（P104）

示例五：
暗黑水域
（P108）

培养基质

多合一水生植物培养基质、赤玉土、坎纳土、水生植物腐殖土、水生植物缓释肥、沉沙。

示例一：小泥潭

- 难易程度：简单
- 所需材料：长柄镊子、刷子、铲土器
- 容器：圆形玻璃烛台
- 培养基质：多合一水生植物培养基
- 装饰物：煮沸消毒后的野生树根
- 植物：矮珍珠、迷你牛毛毡、迷你椒草、苔藓

　　这个半水生微景观作品直接以多合一的水生植物培养基作培养基质。这种多合一的培养基既可以作为装饰，也能提供水分和养分且使用方法非常简单——浇水后种上植物即可。种植时，将高的植物种在后方，矮的植物种在前方。

野生树根

迷你牛毛毡

矮珍珠

迷你椒草

苔藓

1. 在容器中放入树根。

2. 用铲土器加入水生植物培养基。

3. 用刷子将培养基刷平。

4. 往容器里加水至没过培养基。

5. 用长柄镊子将植物种入培养基中，种植遵循"先后景，后前景"的顺序。

6. 将最高的植物种在最靠后的位置。

7. 在前方种上蔓生的迷你椒草。

8. 铺上苔藓，使整体效果更加自然。

示例二：水之滨

- **难易程度：**简单
- **所需材料：**长柄镊子、刷子、铲土器、铲子、喷壶
- **容器：**圆形玻璃烛台
- **培养基质：**多合一水生植物培养基或赤玉土、沙子
- **装饰物：**水族缸造景树根、青龙石
- **植物：**小水榕、鹿角矮珍珠、小红梅草、印度大松尾

这个生态瓶的立意在于模拟水岸风光，利用石头作为屏障来区分植物区和河水区，以制造一种身处河岸的感觉。

建议

赤玉土和沙子需提前清洗以保持水质清澈。如果清洗后水仍然浑浊，可以用注射器把水吸掉再重新注入新水。

圆形扁平烛台

制作过程中水生植物需保持湿润状态

1. 将植物根部包裹的海绵拆掉。

2. 用青龙石分隔出前景和后景区域。将最高的石块放置在最靠后的位置。

3. 用铲土器将赤玉土倒在后景区域。将土层尽可能堆高。

4. 用刷子整理土层。

5. 用铲土器将沙子倒入前景区域，沙子的高度不宜过高，应低于石块。

6. 用刷子将沙子刷平。

7. 用喷壶慢慢加水至没过赤玉土。

8. 用小铲子将小水榕种入后景位置。

9. 用镊子将其他较矮的植物种在小水榕前方。

10. 将低矮的植物种在裸露的土层中。

11. 将树根放入容器中。树根的摆放应随意且自然。

12. 整个造景过程遵循前低后高的原则。

13. 绿叶与石头，野趣满满。

示例三：沼泽深处

- 难易程度：中等
- 所需材料：长柄镊子、刮刀、喷壶
- 容器：方形玻璃容器（种有禾叶狸藻）
- 培养基质：50%的多合一水生植物培养基和50%的泥炭土
- 装饰物：黑色鹅卵石
- 植物：迷你牛毛毡、禾叶狸藻、苔藓

这个生态瓶的最大挑战在于让禾叶狸藻顺利生长。禾叶狸藻是一种半水生食肉植物，喜湿、喜光、喜酸性土壤。因此，用多合一水生植物培养基和泥炭土混合物来制作培养基底。为了保证植物密度，建议将禾叶狸藻提前种在另外一个容器中，待其长到足够茂盛后，再挖出种入到生态瓶中。

建议

> 禾叶狸藻的密度达到一定程度后会开花。请将它放置于像浴室一样空气湿度较高的房间，保持培养基湿润。

迷你牛毛毡

苔藓

禾叶狸藻

1. 用刮刀将禾叶狸藻往一个方向推压，以便腾出一部分空间给其他植物。

2. 将迷你牛毛毡种在容器的一角。

3. 将容器约1/3的空间种上苔藓。

4. 用镊子将鹅卵石放入容器的角落。

5. 在苔藓上也放置几颗鹅卵石。

6. 用喷壶喷洒以保持湿润。

示例四：佗草生态瓶

● **难易程度**：难

● **所需材料**：木棒、细镊子、长柄镊子、带软管的注射器、尼龙线、剪刀

● **容器**：小型玻璃罐

● **培养基质**：50%多合一水生植物培养基和50%坎纳土混合成的基质、碾碎的固体肥料、泥炭藓

● **装饰物**：黑色细沙

● **植物**：爪哇莫丝、针叶皇冠草、鹿角矮珍珠、小红梅草、迷你血心兰

这个作品的准备工作细致而且烦琐，制作起来相当有难度。首先要用尼龙线将基质绑成球状，然后用木棒在土里挖一个洞，最后用镊子将植物一棵棵种入洞里。整个过程对操作手法要求很高：不能弄断植物根部或者损坏叶片，植物要种得足够深以便根部能够触及基底土层。

建议

如果种植过程耗时过久，或所处环境较为干燥，需要及时给植物补水。

小玻璃罐

水生植物和爪哇莫丝

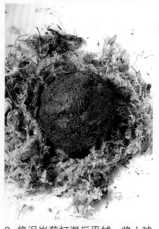

1. 将培养基、坎纳土和固体肥料混合。

2. 加一点水以增加黏性，用手将培养基混合物揉成球状。

3. 将泥炭藓打湿后平铺，将土球放在上面。

4. 将泥炭藓均匀地盖在土球上。而后，一只手握住土球，将泥炭藓紧紧地按住，另一只手用尼龙线缠绕土球至泥炭藓和土层完全贴合。注意不要缠得过紧过密，这样不利于后续的植物种植。缠绕完成后用镊子将尼龙线打结固定。

5. 提前将爪哇莫丝泡水。在此之前，将它分成小块养在加入了大量雨水的泥炭土里，放置在窗边或者光照条件良好的高温湿热型生态瓶中。

6. 用尼龙线将爪哇莫丝固定在泥炭藓包裹的土球上。

7. 用木棒在球上戳几个小洞。

8. 用镊子将植物一一种入。

9. 用水将沙子冲洗干净后倒入容器中。再往容器中加入一些水，然后轻轻地放入苔藓球。

10. 将多余的水及水里的杂质用带软管的注射器吸出。

示例五：暗黑水域

- **难易程度：** 中等
- **所需材料：** 细镊子、带软管的注射器、尼龙线、剪刀、铲土器
- **容器：** 圆柱形高身烛台
- **培养基质：** 这个生态瓶使用的是不需要土壤的附生植物，它们攀附于附着物上，以水中的养分为食。可以施用水族缸专用液体肥料，每次施肥的同时换水。
- **装饰物：** 黑色石英石、红树型植物的树根
- **植物：** 爪哇莫丝、白榕、铁皇冠

铁皇冠

白榕

1. 小心地将植物根部包裹的海棉拆开。

2. 轻轻地用手将铁皇冠根部分开。分成小株后看起来更加美观。

3. 将铁皇冠有层次地叠放在树根上，用爪哇莫丝填补空隙处。

4. 用尼龙线将植物固定在树根上，尼龙线不要绑得过密，以看不见为宜。

5. 将沙子清洗干净后倒入容器内。

6. 加入雨水或者净化水后，放入红树型植物的树根。

7. 作品完成。

植物的选择

水生植物

　　水生植物半露出水面的生长形态赋予了微景观爱好者们极大的发挥空间。水生植物喜高温潮湿环境，体型小巧，是制作生态瓶的绝佳选择，尤其以攀缘类、根茎类和附生类植物为最佳。事实上，90%用于水族造景的植物都是用无土栽培的方式培养出来的。这种种植方式简单又高效，一些水族造景爱好者会将水生植物的根部泡在水中，待根养好之后再整株放入水族缸里。

　　水生植物种类繁多，不同的水生植物对生长环境要求也不同。一般来说，只要容器内保持足够的湿度，大部分水生植物都能陆生。可以根据植物的大小和对温度、土壤pH值的要求来为生态瓶选择合适的植物。自来水有着较高的矿物质含量和pH值。如果以自来水浇灌，可供选择的水生植物范围便有所限制，使用水族缸专用培养基底和赤玉土可以帮助调节水的矿物质含量和pH值。

水生苔藓

可用于造景的水生苔藓主要有以下几种。

● 鹿角苔

一种能适应陆生的苔纲植物。

pH值：5~8　　高度：2~10cm

温度：10~28℃

● 爪哇莫丝

只要有足够的水分、散射光、酸性物质和少量矿物质，爪哇莫丝就能迅速繁殖。

pH值：5~9　　高度：1~15cm

温度：15~28℃

● 美国凤尾莫丝

pH值：5~9　　高度：1~10cm

温度：15~28℃

鹿角苔　　　　　　　爪哇莫丝

正在适应陆地环境的矮珍珠

● 三角莫丝

pH值：5~9　高度：1~10cm

温度：15~28℃

● 明叶藓

pH值：5.5~9　高度：1~15cm

温度：15~28℃

水生植物的陆生养护法

禾叶狸藻的适应性极好

　　如果想让水生植物在土壤中也能自由呼吸空气，可以在容器内加入少量水，将植物根部全都泡入水中。水生植物的叶片比纯陆生植物更脆弱，耐旱能力更弱，所以需要将容器开口盖住或用塑料薄膜封住以保证容器内有较高的湿度。

　　水生植物的根部必须一直浸泡在水中。慢慢地，原来的叶片会枯萎，长出能适应陆地环境的新叶片。如果运气好的话，你甚至有机会看到它们开花，这在水族缸中很难见到。

建议

如果植物太高无法用薄膜包住容器开口，可以直接用一个更大的瓶子倒扣在容器上，或者用一个透明的大塑料袋将容器包住。

养护方法

水生植物适应了陆地栽培后会比在水中更容易养护。即使是那些在水族缸里生长缓慢、难以存活的植物也会变得容易打理。

水生植物种入生态瓶初期时需要用塑料薄膜封住瓶口以保持较高的湿度。待其渐渐适应环境后，可以将塑料薄膜揭开。

水生植物的根部必须一直浸泡在水中。容器内的水分蒸发速度跟室内湿度有关。视水分蒸发量定时给植物浇灌雨水或者净化水以避免基质干燥。对于水生植物来说，干燥是致命的。可以偶尔施加稀释了10倍的水生植物专用肥料。

如果容器壁上有水垢，可以用白醋打湿报纸后进行擦拭。

如果培养基质表面有藻类或者微生物繁殖，可以往容器中加入大量的水，然后用带软管的注射器将其吸出。若一遍无法清理干净，可重复数次直至清理完毕。

在移入生态瓶之前，将水生植物种入腐殖土和赤玉土按2：1混合的基质中培养

也可将水生植物直接种在装有赤玉土的生态瓶里培养，待生长茂盛后再加入装饰物

干燥型迷你生态瓶

这是打理起来最简单的一类生态瓶。这类生态瓶使用的植物耐旱能力强，偶尔忘记浇水也不会造成太大的影响，浇水频率保持在每周一次即可。适应这类环境的植物种类繁多，很容易找到合适的小型植物。

在造景的过程中，选择的沙子不同，生态瓶里"沙漠"的颜色也不尽相同，从灰色、落叶黄到铁锈红，每个颜色都能带来不同的美感。

小秘诀

将细沙打湿后与颜料混合，是一种非常简单的染色方法，因为颜料很好找，染成的颜色也没有限制——可以将不同颜色混合起来得到想要的色彩。使用时要小心，以免造成污染。

示例一：
纳米比沙漠
(P116)

示例二：
火山灰沙漠
(P120)

示例三：
仙人掌沙漠
(P122)

示例四：
芦荟沙漠
(P124)

示例五：
石山之中
(P128)

培养基质

多肉植物专用腐殖土、排水陶粒和沙子。

如果想自制培养基质，可以使用沙子、石屑、腐殖土、火山灰、蛭石、黏土等。土壤的混合比例取决于所种植的植物以及使用的土壤特性。

带木头底座的简约玻璃烛台

示例一：纳米比沙漠

- **难易程度:** 中等
- **所需材料:** 长柄镊子、刷子、铲土器、移植铲、剪刀
- **容器:** 带木头底座的简约风烛台
- **培养基质:** 砾石、木炭、多肉植物专用腐殖土
- **装饰物:** 红色沙子、木化石、树枝、枯草
- **植物:** 生石花

生石花

这个生态瓶希望通过红色的沙子和神似石头的生石花复制出纳米比沙漠的一角。创作过程中需要注意各个元素之间的平衡，这是让生态瓶看起来自然美观的关键。加入干草可以完美地模拟荒漠环境，将它修剪到适合高度后随意放入即可，但要注意切口不要太整齐。这个作品中最大的挑战是容器开口较小，不便操作。

1. 用铲土器倒入砾石。

2. 撒入木炭。

3. 倒入腐殖土。

4. 将几块石头放入后景位置。

5. 将靠近容器壁的腐殖土往内压，然后挖一些洞用来种生石花。

6. 将生石花的根部清洗干净，然后种在前景位置。

7. 用长柄镊子调整位置，把过于集中的生石花分开。

8. 在生石花上再撒些许腐殖土以固定。

9. 用刷子将生石花叶片上和容器壁上的腐殖土清理干净。

10. 按照容器高度修剪枯草，然后插入土壤中。

11. 将沙子均匀地倒在容器里直至完全盖住腐殖土。

12. 用刷子刷掉落在植物上的沙子，并抹平沙层。

13. 最后装入几根树枝作为装饰。

养护方法： 这个生态瓶中的植物耐旱能力强，根据气候条件每周浇一次水即可。控制浇水量，避免过度浇水。如果幸运的话，还可能会看到生石花开花。

示例二：火山灰沙漠

● **难易程度：** 非常简单

● **所需材料：** 长柄镊子、刷子、铲土器、移植铲

● **容器：** 玻璃烛台

● **培养基质：** 火山砾石、多肉植物专用腐殖土、木炭

● **装饰物：** 火山石

● **植物：** 多肉植物

这个生态瓶的创作主题是火山喷发后的情景——在植被恢复生长之前，冷却的火山灰里只零星地长着三三两两的植物。火山砾石既可以帮助排水，也可作为装饰物。

多肉植物

1. 在容器底部铺上火山砾石。

2. 加入一点木炭。

3. 在火山砾石中央加入腐殖土。

4. 将多肉植物零散地种在容器后方的位置。

5. 在容器前方放入几块火山石。

6. 最后用火山砾石盖住腐殖土。

7. 作品完成。

养护方法: 此生态瓶中的植物耐旱能力强,根据气候条件每周浇一次水即可,避免过度浇水。

示例三：仙人掌沙漠

- **难易程度**：中等
- **所需材料**：刷子、移植铲、三角平铲
- **容器**：圆形高身烛台
- **培养基质**：砾石、木炭、多肉专用腐殖土
- **装饰物**：红色石头、加了赭土的细沙
- **植物**：仙人掌

这个作品旨在复刻墨西哥仙人掌沙漠的景观，关键是让石头和土壤的颜色保持一致。为了让景观有层次感，将装饰石斜放，并将较高的植物种在后景位置。

建议

用红色赭土和普通沙子混合即可得到红色沙子。为了防止在制作过程中被刺伤，可以戴上皮质手套。

1. 将砾石和木炭放入容器底部。

2. 用三角平铲将靠近容器壁的石砾往中间压。

3. 倒入大量的腐殖土，然后用三角平铲将土层铲成斜坡。

4. 用移植铲将仙人掌以非对称的方式种好，高的仙人掌种在后方。

5. 撒入沙子至完全盖住腐殖土。

6. 用刷子将附着在仙人掌上的沙子清理干净，刷平沙层，同时清理玻璃壁上的灰尘。

7. 放入石头作为装饰。

8. 作品完成。

养护方法：此生态瓶中的植物耐旱能力强，不需要经常浇水，根据气候条件每周浇一次水即可。浇水时使用带莲蓬头的喷壶，以免破坏沙层的造型。

大小不一的芦荟

示例四：芦荟沙漠

- **难易程度**：简单
- **所需材料**：长柄镊子、刷子、铲土器、三角平铲、长柄剪刀
- **容器**：方形高身烛台
- **培养基质**：石砾、木炭、泥炭藓、多肉专用腐殖土
- **装饰物**：木化石、细沙、枯草
- **植物**：芦荟

这个作品的关键词是"自然""朴素"。

选用奇数株不同大小的芦荟、颜色相近的石头和细沙，以及干草来强调创作理念。在腐殖土里加入了泥炭藓，可以降低浇水频率。

现代风方形高身烛台

1. 将砾石和木炭放入容器底部。

2. 用三角平铲整理砾石。

3. 在砾石上方铺上泥炭藓。

4. 加入一层厚厚的腐殖土。

5. 用三角平铲将腐殖土层铲成一个倾斜的坡,尽量在土壤与容器壁间留出较大的空隙。

6. 将芦荟种入土壤中,最高的一株种在最后方。

7. 放入木化石作为装饰。

8. 用镊子加入一些枯草。

9. 撒入沙子至盖住腐殖土。

10. 用刷子将土层刷平，并清理掉玻璃壁上的灰尘。

11. 用长柄剪刀修剪枯草使整体造型更加和谐。

12. 作品完成。

养护方法：此生态瓶中的植物耐旱能力强，不需要经常浇水，根据气候条件每周浇一次水即可。浇水时使用带莲蓬头的喷壶，以免破坏沙层的造型。

示例五：石山之中

- **难易程度**：简单
- **所需材料**：刷子、铲土器、移植铲
- **容器**：圆形矮烛台
- **培养基质**：砾石、木炭、多肉专用腐殖土
- **装饰物**：页岩石
- **植物**：各种景天科多肉植物

这个作品仿佛是一座被多肉植物和石头占据的迷你花园。植物见缝插针地长满石头间每一处空隙，没有一寸土地被闲置。因此这个生态瓶中植物的种植密度必须很高，植物与植物之间、石头与石头之间不能有任何空隙。

各种景天科多肉植物

1. 将砾石和木炭放入容器底部。　2. 放入大石头，原则是前低后高。　3. 填入腐殖土。

4. 用刷子清理石头表面和容器壁。将土层刷平。　5. 用移植铲种入多肉。　6. 将多肉植物密集地种在一起，留下的空隙用较小的石头填补。

7. 用刷子将植物和石头上残留的沙土清理干净。　8. 作品完成。

养护方法：此生态瓶中的植物耐旱能力强，不需要经常浇水，视气候条件每周浇一次水即可。景天科多肉植物耐寒性强，注意控制容器内温度并将它放置在一个凉爽的房间。

植物的选择

小型多肉植物的选择很多，不管是仙人掌科、景天科还是其他科，颜色、形状都有很多选择。

养护方法

多肉植物的养护相对简单：少量浇水后待土壤完全干燥之后再进行下一次浇水；要注意维持良好的光照条件，可以阳光直射，但不要过量，因为在阳光下，玻璃容器里的温度会在短时间内迅速升高。

仙人掌

生石花

Chapter 6　光　照

　　光照对植物的生长至关重要，因为植物需要吸收光能，把水和二氧化碳合成自身生长所需的有机物质。

　　生态瓶中的植物能否顺利度过适应期并且长久存活下去，光照是一个不容忽视的因素。接下来，将介绍适合生态瓶的不同光源种类。

自然光源

　　阳光是最好的光源，但也可能是最危险的。这是由于阳光直射时，紫外线会很强，对植物有杀伤力。而且，阳光直射时，玻璃容器内的温度会迅速攀升，也会对植物造成一定的损伤。因此，除了干燥型迷你生态瓶可以每天接受几小时的阳光直射外，其他类型的生态瓶都应完全避免直射阳光，可以将它们放在明亮的室内，或者放置在没有直射阳光的窗边，比如朝北的窗边。

阳光是促进植物进行光合作用的最佳光源

人工光源

如果没有自然光照条件,可以部分或者完全使用人工光源来给植物提供照明,选择灯具时注意光线强度以及光谱范围。有些植物如苔藓对于光谱有特定的要求,需要园艺或者水族缸专用灯具。一般来说,室内荧光灯或者LED灯适用于绝大多数植物。

为了遵循植物的生物钟,每天需要为生态瓶中的植物提供最少10小时,最多14小时的照明。可以在照明装置上配置一个插电的控制器,以便于控制时间。

人工光源的种类

LED灯

LED灯可以说是给植物补充光照必不可少的工具。它耗能少,所占空间小,价格也较低廉。市场上也有水族缸专用的排灯或者聚光灯,不过它们的价格会相对比较昂贵。

节能荧光灯管

市场上售卖的照明荧光灯通常太长了,不太适用于生态瓶,可以去水族缸灯具区挑选专用的排灯。

节能灯泡

在灯座上装上一个E27型号的节能荧光灯泡即可使用。这类灯泡可以提供植物生长需要的光谱,使用方便且价格不贵

价格低廉的LED灯，可以给植物带来生长所需要的光照，也很美观

数码控制器和机械控制器

节能荧光灯管常用于花园和水族缸中

E27型节能灯泡是最佳的平价光线解决方案

结语

　　制作生态瓶是一种充满创意的工作，它让我们可以自由地表达创作意图，充分发挥我们的想象力和创造力，打造专属于自己的独特作品并装饰我们的家居空间。

　　多去大自然中感受，身边的一草一木都可以成为你的灵感来源。勇于动手，多多尝试，你就会发现这并不难。接下来，就跟随本书，邀请家人一起来发挥创意，打造出独一无二的生态瓶吧！

花园MOOK系列

日本著名园艺杂志《Garden & Garden》的唯一中文授权版

最全面的园艺生活指导，花园生活的百变创意，打造你的个性花园

开启与自然的对话，在园艺里寻找自己的宁静天地

滋润心灵的清新阅读，营造清新雅致的自然生活